Seinem Freunde

Charles Chevalier de Traunfels

Der Verfasser
Ernst v. Hesse-Wartegg

London im Juni 1875.

Der

Unterseeische Tunnel

zwischen

England und Frankreich

Bibliografische Information der Deutschen Nationalbibliothek: Die Deutsche Nationalbibliothek verzeichnet diese Publikation in der Deutschen Nationalbibliografie; detaillierte bibliografische Daten sind im Internet unter http://dnb.dnb.de abrufbar.

© 2016 Copyright der Neuauflage

Verlag GU^eRAN

ISBN: 978-3-946679-20-2

Die Originalausgabe wurde 1875 unter dem Titel "Der Unterseeische Tunnel zwischen England und Frankreich" von Baumgärtners Buchhandlung, Leipzig, veröffentlicht. Der Text dieser Ausgabe wurde neu gesetzt und entspricht weitgehend dem Original.

Nachdruck oder Reproduktion (auch auszugsweise) in irgendeiner Form (Druck, Fotokopie oder anderes Verfahren) sowie die Einspeicherung, Verarbeitung, Vervielfältigung und Verbreitung mit Hilfe elektronischer Systeme jeglicher Art, gesamt oder auszugsweise, ist ohne ausdrückliche schriftliche Genehmigung des Verlages untersagt.

Der

Unterseeische Tunnel

zwischen

England und Frankreich

vom

geologischen, technischen und finanziellen Standpunkte
beleuchtet

von

E. A. VON HESSE,

Ingenieur.

Mit zwei Karten und einer Tafel: Abbildungen der voraussichtlich zur Verwendung
kommenden Maschinen.

LEIPZIG.

BAUMGAERTNER'S BUCHHANDLUNG.

1875.

Zum Geleit

Durch Zufall ist mir dieses kleine Büchlein von Ernst von Hesse-Wartegg bei einem Antiquitätenhändler aufgefallen. Als ich die eigenhändige Unterschrift des Autors auf dem Vorblatt entdeckte, entschloss ich mich, es trotz des doch recht hohen Preises zu kaufen. Als Sammler alter Bücher hat man, auch wenn man nicht auf Reisebeschreibungen spezialisiert ist, bereits einige Werke von Hesse-Wartegg zuhause im Regal stehen. Immerhin haben sich auch Mark Twain und Karl May seiner Erzählungen bedient und zahlreiche Beschreibungen übernommen.

Bereits 1872 bereiste er Südeuropa - Westindien und Zentralamerika kamen dazu. Nur ein Jahr später ging es dann über Nord-Mexiko und die Rockys an die Ostküste der Vereinigten Staaten. Innerhalb der nächsten zwanzig Jahre hielt sich Hesse-Wartegg unter anderem in Afrika, Amerika und Kanada, Südostasien, Spanien und China auf. Sowohl während dieser Zeit, als auch bis immerhin 1917, entstanden über zwanzig anschaulich beschriebene Reiseerzählungen. Am 8. Mai 1918 starb von Wartegg in Tribschen bei Luzern.

Während über das Datum seines Todes kein Zweifel besteht, gibt es zum Geburtsdatum unterschiedliche Meinungen. Die Lexika nennen den 21. Februar 1854 als vermutlichen Geburtstag, Wien oder Prag kommen als Geburtsort in Frage. Zu seiner Herkunft ist also nichts bekannt.

Sein erstes Buch erschien 1874 unter dem Titel "Die Werkzeugmaschinen zur Metall- und Holzbearbeitung" Darauf, und auch auf das vorliegende Buch, nimmt er Bezug in einem Brief an Charles Darwin vom 16. August 1875. Er schrieb in der Wiener Tageszeitung "Das Fremden-Blatt" eine Rezension zu der Abhandlung von Charles Darwin´s,

"Insectovorous plants", die 1876 in der Übersetzung als "Insectenfressende Pflanzen" bei der Schweizerbarth`schen Verlagshandlung erscheint. Der Brief schließt ab mit:

"With the assurance of my high regard and my admiration
I am, Dear Sir
yours
faithfully
Ernest von Hesse Wartegg
Author of the Werkzeugmaschinen der Neuzeit
Unterseeische Tunnelbauten, etc, etc -
at present, 11, Rue de Strassbourg Paris".

Bereits zu diesem Zeitpunkt, also nur wenige Monate nach dem Erscheinen der Unterseeischen Tunnelbauten unterschreibt er mit Ernst von Hesse Wartegg. Das "A.", bis heute der ungeklärte Mittelnamen in seiner frühen Signatur, wird nicht mehr benutzt.

Zum Vergleich:
Im Juni 1875,

und in späteren Jahren.

Geht man davon aus, dass die beiden frühen Bücher vom gleichen Autor wie die nachfolgenden sind, kann man darauf schließen, dass Hesse Wartegg eine Ingenieurausbildung gehabt haben muss. Dennoch ist über seine Jugend nichts bekannt. Er war plötzlich da, er war Baron, aber sein Adelstitel findet sich in keinem Verzeichnis. Sicher ist nur, dass er unter anderem einen amerikanischen Pass hatte, österreicher Diplomat und Geheimrat war und von 1891 bis zu seinem Tod als Konsul von Venezuela für die Schweiz eingesetzt war. Ach ja, und 1882 heiratete er die amerikanische Opernsängerin Minnie Hauk, die nach seinem Tod eine Autobiographie geschrieben hat, in der ihr Gemahl so gut wie nicht vorkommt. Wohl auch wegen einiger Frauengeschichten, einer unehelichen Tochter und nicht zuletzt der Schulden, die er ihr hinterlassen hat.

In den letzten Jahren gab es Versuche mehrerer Journalisten, Historiker und Ahnenforscher Hesse Warteggs Leben zu biographieren. Das Geheimnis seiner Herkunft wurde bisher nicht gelüftet.

Noch ein Wort zur Widmung, die sich in dieser Ausgabe befindet. Unterschrieben wurde sie im Juni 1875 in London. Gewidmet wurde das Buch "Seinem Freunde Charles Chevalier de ?Braunfels?". Sollte das vielleicht etwa gar Carl zu Solms-Braunfels, der Texas-Carl gewesen sein? Einen Monat später ist Ernst von Hesse-Wartegg schon wieder in Paris und bis heute wohl auf der Flucht vor seinen Biographen.

Günter Ranzinger

VORWORT

Wie dem sich für dieses grossartige Unternehmen interessirenden Theil des Publicums schon durch andere Mittheilungen bekannt sein dürfte, ist in neuester Zeit das Project einer unterseeischen Verbindung des Continents mit England, und zwar mittelst eines Tunnels zwischen Calais und Dover, an der schmalsten Stelle des Pas de Calais abermals aufgetaucht, und hat durch die Bemühungen der sowohl in England als auch in Frankreich unter Beiziehung der hervorragendsten Ingenieure und Finanzmänner dieser beiden Staaten gebildeten Comités sowie durch die officiellen Schritte des französischen Comités nunmehr eine greifbare Gestalt angenommen.

Der Gegenstand ist an und für sich von solch wissenschaftlichem Interesse und von solch grossartigem Einflusse auf den ganzen continentalen Verkehr, dass eine ausführliche Schilderung des der endlichen Ausführung sich immer mehr nähernden Projectes wohl gerechtfertigt erscheint.

Bis in die jüngste Zeit wurde das schon mehrmals zur Sprache gebrachte Project einer festen Communication zwischen England und Frankreich mehr als eine Absurdität — als ein Phantasie-Gebilde betrachtet, das mit der Wirklichkeit nichts gemein hat, als den Platz, auf welchem es ausgeführt werden sollte. Noch in den letzten Decennien zweifelten die ersten Ingenieure des Continents an der Ausführbarkeit eines Entwurfes, dem an Grossartigkeit nur der Durchstich der Landenge von Suez und etwa die

Einleitung des Meeres in die Wüste Sahara zur Seite gestellt werden könnte.

Die Art, in welcher die Verbindung mit England hergestellt werden sollte, war bis zur Pariser, Ausstellung 1867 ziemlich unentschieden. Verschiedene Projecte hierfür waren aufgetaucht, die jedoch später an der Schwierigkeit (doch nicht an der Unmöglichkeit) der Ausführung scheiterten: 1) eine 24 englische Meilen lange Pfeilerbrücke, die in der gehörigen Höhe gebaut werden sollte, um den Schiffen die ungehinderte Passage zu gestatten; — 2) eine lange und genügend weite eiserne Röhre, die auf den Boden des Meeres gelegt und successive verlängert werden sollte, bis sie die jenseitigen Küsten erreicht hätte; — 3) ein unterseeischer Tunnel mit einem Ventilationsschacht in der Mitte des Canals, der offenbar in Pfeilerform anzulegen wäre, und dadurch ein der Schiffahrt ungemein gefährliches Hinderniss gebildet hätte, das schon vor Jahrhunderten um jeden Preis wäre beseitigt worden, wenn es ein natürliches gewesen wäre; — 4) ein Tunnel, in solcher Tiefe unter dem Meere angelegt, dass die für ihn nöthigen Zufahrten oder Rampen von grösserer Länge gewesen wären, als der Tunnel selbst.

Alle diese Projecte zerfielen schon in sich selbst, bevor sie ans Tageslicht gezogen wurden; und es kann demnach auch die Schilderung derselben getrost übergangen werden.

Auch das neueste Project Bessemer's, durch ein grosses Ueberfahrtsschiff mit 2 Rumpfen einerseits die Unannehmlichkeiten der Seekrankheit, anderseits auch die Schwierigkeiten des Auf- und Abladens der Güter zu vermindern, wird den Anforderungen des Verkehrs durchaus nicht entsprechen können. Das Schiff würde den Stürmen und schlechtem Wetter doch immer ausgesetzt sein und das Ueberladen der Waaren zu und vom Schiff nicht verhindern können.

Bevor das eigentliche Project des unterseeischen Canals zur Darstellung gelangt, sei es hier, zum Nachweis der Möglichkeit und verhältnissmässigen Leichtigkeit der unterseeischen Tunnelirung gestattet, einige Vorbemerkungen über die letztere anzuführen.

Schon vor vielen Decennien wurden — hauptsächlich in England — unterseeische Minen gegraben. In den Grafschaften Cornwall, Cumberland und Northumberland wurden Silber, Blei und Kohle aus Minen gewonnen, die weit unter die See reichten, und in vielen Fällen waren die Arbeiter dem Meeresboden so nahe, dass sie den Wellenschlag und das Rollen des Gesteines am Meeresboden deutlich vernehmen konnten*).

---

*) So ist schon in einer 1778 erschienenen Abhandlung über die Minen von Pryce von den unterseeischen Minen die Rede, und der Verfasser schreibt hierüber folgendes:

„Die Mine von Huel Cock, in der Pfarre von St. Just (Cumberland) ist in einer Länge von 100 Faden unter dem Meeresboden gegraben und die See ist an manchen Stellen bloss 3 Faden über der Wölbung der Mine, so dass die Arbeiter das Brechen der Brandung an den Ufern und das Wogen der Fluten mit erstaunlicher und furchtbarer Stärke über ihren Häuptern hören. Sie vernehmen auch das rollende Geräusch der auf dem Meeresboden in ewigem Spiele umhergetriebenen Felstrümmer, die zusammen ein donnerähnliches Geräusch verursachen, das auf den damit nicht vertrauten Fremden wahrhaft furchterregend wirkt. Ja, manche der reichsten Minengänge wurden unvorsichtigerweise bis auf 4' unter dem Meeresboden ausgehauen, so dass an stürmischen Tagen das Donnern und Brausen über den Arbeitern so anhaltend wurde, dass sie vielmals die Arbeit aufgaben, in der grössten Furcht, die See müsse in diesen Minengängen durchbrechen. Diese unmittelbare Nähe der See über den Minen hatte keinerlei Belästigung der Arbeiter durch das Salzwasser zur Folge. Obschon, wie bemerkt, nur eine Kruste von 4' Dicke die ungeheuern Wassermassen des Meeres trug, zeigte sich doch nur hier und da ein schwaches Durchsickern und Tröpfeln, das durch Verstopfen der Risse mit Werg und Lehm leicht beseitigt werden konnte. In einem Bericht giebt Dr. Stuckley an, dass er gelegentlich einer Niederfahrt in einen 150 Faden, tiefen

In Cumberland sind die Gänge einer Grube zwischen fünf und sechstausend Yards (5400 Meter) lang, von welchen sich etwa 4000 Yards (also 3600 Meter) unter der See befinden; auf eine Anfrage des englischen Canal-Tunnel-Comité berichtete der Eigenthümer der Grube, dass trotz der ungeheuern Ausdehnung der Minen doch nur an manchen Stellen unmessbar geringe Quantitäten von Seewasser durch die Decke sickern.

Auch der Londoner Themse-Tunnel kann als Beispiel der Sicherheit unterseeischer Arbeiten angesehen werden. Derselbe ist gegenwärtig Eisenbahntunnel, und unaufhörlich, in Zeitpausen von wenigen Minuten, verkehren die Züge darin unter dem Bette des mächtigen, über 1200' breiten und etwa 50' tiefen Stromes, ohne dass die geringsten Spuren von Wasser sich vorfinden würden; dabei besteht der Grund des Stromes hier aus Schlamm und Sand und ist ungemein locker.

Unter den vielen für Eisenbahnen angelegten Tunneln mögen nur zwei Erwähnung finden, deren Erbauung durch Einströmen von Wasser immense Schwierigkeiten entgegen standen: der Kilby-Tunnel, bei welchem viele Wochen hindurch pr. Minute 1800 Gallonen Wasser durch 1250 Arbeiter und 13 Dampfmaschinen ausgepumpt werden mussten; dennoch kostete er nur £ 145 pr. Yard und wurde ganz entsprechend vollendet. Die Tunnel von Saltwood und Bletchingly, deren Bohren die gleichen Schwierigkeiten aufzuweisen hatte, wurden mit einem Kostenaufwande von £ 118 pr. Yard vollendet. Nehme man also für den

---

Kohlenschacht in der Nähe von Whitehaven sich tiefer befand, als die tiefste Stelle der England umspülenden Meerestheile, ohne dass er irgendwelchen Wasserzufluss im Schachte vorfand. In einer Bleimine in Perranzabuloe, die gleichfalls nahe dem Meeresboden gegraben wurde, fand manchmal ein Zuströmen von Salzwasser statt, dem leicht auf die angegebene Weise vorgebeugt werden konnte."

äussersten Fall dieselben ungünstigen Verhältnisse beim Bau des Canal-Tunnels an, so würden sich die Kosten der Herstellung bei einer Länge. von 22 engl. Meilen dennoch nur auf 5 1/2 resp. 4 1/2 Millionen £ belaufen.

Der schwierige Hauenstein-Tunnel in der Schweiz kostete nur £ 80 pr. Yard, was die genannten Summen auf die Hälfte reduciren würde.

Gewöhnlich werden Eisenbahn-Tunnel durch Kalk und ähnliche Gesteinarten für £ 30 bis £ 50 pr. Yard und mit bedeutender Schnelligkeit hergestellt.

Im Laufe der Zeit wurden jedoch die Bohrmaschinerien sowie die Apparate zur Erzielung geeigneter Ventilation derart verbessert, dass es gegenwärtig beinahe keine Schwierigkeiten mehr bereitet, selbst den härtesten Fels auf irgend eine beliebige Länge zu durchbohren. Die interessantesten Beispiele sind der Mont-Cenis-Tunnel, der in einer Länge von 9 engl. Meilen bei einem Kostenaufwande von 206 £ pr. Yard — und der Hoosac-Tunnel in Amerika, der bei 6 Meilen Länge und £ 180 pr. Yard hergestellt wurde, und dies in Felsen, die in Bezug auf Festigkeit und Härte mit den Strata des Canal-Tunnels nicht in Vergleich gezogen werden können: während die mächtige Alpenkette aus ungeheuern Massen von Granit, Schiefer, Quarz, Dolomit und Gneis zusammengesetzt ist, bildet weicher, grauer Kalk den Boden des englischen Canals.

Zur Zeit sind drei grossartige Tunnel im Bau begriffen, die alle mit den gegenwärtigen Maschinen mit verhältnissmässig grosser Leichtigkeit gearbeitet werden, und gleichfalls das beste Zeugniss geben können von der Möglichkeit der Unterfahrung des Pas de Calais.

Der erste dieser Tunnel ist jener unter dem Severn in einer Länge von 5 Meilen; der zweite jener unter dem Mersey (die leitenden Ingenieure bei diesen Tunnelbauten sind Sir John Hawkshaw und Mr. Brunlees, beide gleichzeitig auch die technischen Chefs des Canaltunnel-Comité); der dritte jener durch den St. Gotthard in einer Länge von 10 Meilen; bei letzterem Tunnel geht die Arbeit viel schneller von statten, als beim Bau des Mout-Cenis-Tunnels, was beinahe ausschliesslich nur der Verbesserung der Sommeiller'schen Bohrmaschine zuzuschreiben ist. Sobald die neue Maschine des Major Beaumont zur Anwendung gelangt, wird die Geschwindigkeit der Arbeit noch beträchtlich erhöht werden, aber selbst dann noch nicht verglichen werden können mit der Schnelligkeit der Durchbohrung des Kalkes im Canal-Tunnel vermittelst der Brunton'schen Bohrmaschine, die gegenwärtig bei den letztgenannten englischen Tunneln verwendet wird, und für die Arbeiten unter dem Canal am geeignetsten erscheint. Alle die genannten Maschinen werden durch comprimirte Luft getrieben, die gleichzeitig auch die Ventilation im Tunnel bewerkstelligt. Die beim Bau des Canal-Tunnels voraussichtlich zur Verwendung gelangenden Maschinen kommen weiter unten, zur Besprechung.

Die geologischen Verhältnisse des Meeresbodens in der Strasse von Calais.

Obschon der projectirte Tunnel zwischen Dover und Calais an Länge alle anderen derartigen Bauten um mehr als das Doppelte übertrifft, so wird zu seiner Herstellung kaum mehr Zeit und Geld nothwendig sein, als zum Bau des St. Gotthard-Tunnels. Die Beschaffenheit des Meeresbodens ist es hier, welche dem Unternehmen ungemein günstig ist. Von der Festigkeit der den Meeresboden bildenden Strata und von der Beschaffenheit derselben in Bezug auf Porosität und etwa vorkommende Risse und Sprünge ist das Gelingen des gigantischen Projectes hauptsächlich abhängig, und es wurde daher der Meeresboden von den betreffenden Ingenieuren Sir Hawkshaw und Mr. Brunlees der sorgfältigsten Prüfung unterzogen, deren Resultate im Verein mit den Untersuchungen der französischen Ingenieure die Möglichkeit einer sicheren Verbindung Englands mit dem Continente vollständig darlegen.

Durch frühere Untersuchungen und anderweitige Erfahrungen ist es erwiesen, dass der grösste Wasserzufluss in Bohrungen beiläufig in der Tiefe von 50 bis 100 Fuss unter dem Niveau des tiefsten Thales in der nächsten Umgebung angetroffen wird, sowie auch in jenen Schichten, welche auf Kalkerde aufliegen; keine dieser beiden Bedingungen trifft bei dem projectirten Tunnel zu, indem dessen Tiefe unter dem Meere 200' übersteigt, und der graue Kalk, durch welchen er gegraben wird, in einer mehr als hinreichend dicken Schicht am Boden des Meeres unter dem weissen Kalk hinzieht.

Dieses Kalkbett besteht auf der englischen Seite des Canals aus einer 175' starken Schicht von weissem Kalk, und unter diesem einer 270' starken Schicht von grauem Kalk, der für Wasser beinahe undurchdringlich ist, und seiner Natur zufolge von Rissen und Klaffungen frei sein muss. Nur durch solche könnten Wassermassen von dem Canalbette durch den grauen und weissen Kalk in den Tunnel eindringen.

Durch die Untersuchung der den Canal einfassenden Klippen sowie durch die im Jahre 1865 begonnene Prüfung des Meeresbodens durch einen mit allen nöthigen Apparaten und Hilfsmitteln ausgerüsteten Dampfer wurde genügend dargelegt, dass die gegenwärtige Position des Kalkes dieselbe ist, wie sie aus den Untersuchungen in früheren

Zeitperioden hervorging, und dass dieser Kalk in einer ununterbrochenen Schicht von einer Seite des Canals auf die andere zieht.

(Die von Sir Hawkshaw im Vereine mit dem Eisenbahnkönig Mr. Brassey und Mr. George Wythes unternommenen Bohrversuchs-Stellen sind in dem beigegebenen Plan mit kleinen Ringelchen bezeichnet.)

Als die beste Linie zur Herstellung des Tunnels erwies sich bis jetzt jene, die von einer Einsenkung in den englischen Kalkklippen in der St. Margaret's Bay, etwa 4 engl. Meilen östlich von Dover ausgehend, etwa in der Mitte zwischen den französischen Städten Sangatte und Calais — 3 engl. Meilen westlich von letzterem endigt (siehe Plan). Bei Annahme dieser Linie könnte der Tunnel durchgehends in Kalk, und beinahe durchgehends in dem unteren Bette des homogenen Kalkes gegraben werden. Die hierzu geeignetste Tiefe ist etwas über 500' unter der Hochwassermarke *).

Eine der wichtigsten Fragen für die Voruntersuchung war die Tiefe des Meeres in der Strasse von Dover. An der genannten Linie beträgt dieselbe zur Zeit der Flut an keiner Stelle mehr als 180'; die grösste Tiefe ist nahezu in der Mitte des Canals, und vermindert sich allmählich nach den Seiten hin. Der Canal kann demzufolge als seicht bezeichnet werden und es würden beispielsweise die Thürme der Westminsterabtei, wenn sie auf der tiefsten Steile des Canals stehen würden, 44', jene von Notre-Dame 24' über die Oberfläche des Wassers hervorragen; (die Tiefe des Canals an verschiedenen Stellen ist aus den im Plane aufgeführten Sonden zu entnehmen).

Der Tunnel würde etwa so tief unter dem Meere gegraben werden, dass die Dicke der Kalkschicht zwischen

---

*) Das Niveau des Meeres zur Zeit der höchsten Flut.

seiner Decke und dem Boden des Meeres nirgends geringer ist, als 200'; eine solche Tiefe genügt einerseits vollkommen den Anforderungen der Sicherheit, und ist anderseits auch gerade derart bemessen, dass die Anlage der Approchen resp. der Zufahrten vom Lande nur geringe Schwierigkeiten bereitet.

Mit der Feststellung dieser Linie zum Zwecke des Tunnelbaues sind auch die französischen Ingenieure einverstanden. Der General-Inspector der französischen Minen, Monsieur de Souch, meint, dass die angegebene Linie im Vergleiche mit den früher projectirten Sangatte-South Foreland und Cap Griz-Nez-Folkestone die grössten Vortheile bietet, und thatsächlich die einzig ausführbare ist, da der Meeresboden bei den beiden anderen Linien nur dünne Kalkschichten aufweist, die alle noch unter dem Meere endigen, und so für Risse und Sprünge sehr incliniren.

Die in den früher aufgetauchten Projecten enthaltenen Vorschläge zur Anlage von Ventilationsschächten in der Mitte der Strasse, sowie zur Erbauung eines künstlichen Zwischenhafens auf der bekannten Sandbank „The Varne" zwischen Griz-Nez und Folkestone wurden von der bestehenden Commission aufgegeben. Werke dieser Art wären nicht allein ungemein schwierig herzustellen, sondern würden auch zu kostspielig und riskant sein.

Ueber die Beschaffenheit des Meeresbodens und der Küsten des Pas de Calais wurden schon im 17. Jahrhundert sorgfältige Untersuchungen angestellt. Schon Verstigan zeigt dies 1673 in einem dem König James gewidmeten Pamphlet. Er vergleicht hierin die Identität der Schichten zu beiden Seiten des Canals, die Zusammensetzung der Klippen sowie die Aehnlichkeit in ihrer Form und Länge, und kam zu der Ansicht, dass der Isthmus, welcher einst England mit Europa verbunden haben mochte, nicht durch eine gewaltsame Umwälzung oder Neugestaltung der Erdoberfläche verschwunden sei, sondern durch ein ununterbrochenes Spiel des Meeres allmälig weggewaschen wurde. Im folgenden Jahrhundert schrieb M. Desmarest eine Abhandlung über dasselbe Thema, und kam zu gleichen Schlüssen, während 1818 die Frage von Seite der Londoner geologischen Gesellschaft wissenschaftlich behandelt wurde. Der sehr interessante, von Mr. Rich. Phillips verfasste Bericht hierüber besagt, dass die Küsten auf der englischen Seite aus

    350'   weissem Kalk   mit Kies
    130'   -   -   mit etwas Kies
    140'   -   -   ohne Kies und
    200'   grauem Kalk

bestehen, während der correspondirende Theil der französischen Küste ähnlich zusammengesetzt ist, und bloss die oberste Kalkschicht nicht so entschieden hervortritt. Die Theorie, dass der Isthmus durch die Thätigkeit des Meeres weggewaschen wurde, erhält dadurch noch mehr Berechtigung, und man braucht nur die (früher angegebenen) Dicken der jetzt vorhandenen Schichten am Meeresboden mit den letzten Daten zu vergleichen, um zu demselben Resultate zu gelangen. Auch die zwischen den beiderseitigen Senkungen und Abweichungen in den Schichtenlagen bestehende Analogie spricht dafür.

    Eine weitere Hauptfrage bezüglich der Beschaffenheit des Meeresbodens ist jene über **das Eindringen von Wasser** in den Tunnel.

    Die beiden möglichen Arten, auf welche Seewasser in den Tunnel gelangen könnte, sind das Durchsickern des ersteren durch den porösen Kalk, oder das Eindringen durch etwa vorhandene Klaffungen und Risse am Meeresboden. Bei näherem Studium der Sache wird man jedoch zu dem Resultate gelangen müssen, dass dies auf keinerlei Weise in grösserem Masse stattfinden kann.

    Schon aus den früher angeführten Beispielen über

die englischen Kohlenminen geht hervor, dass selbst bei den nur wenige Fuss unter dem Meeresboden gelegenen Minen nur verschwindend kleine Wassermengen durchsickerten, weshalb bei einer Dicke von 200' das Durchdringen von Wasser nahezu unmöglich ist. Auch der Druck einer 180' starken Wassermasse ist durch die Porosität des Kalkes vollständig aufgehoben; überall, wo das Wasser sich durch Filtration den Weg in die Minen gebahnt hatte, war kein statischer Druck vorhanden; Versuche werden die Richtigkeit dieser Annahme beweisen*). Uebrigens kann mit mehr als Zuversicht angenommen werden, dass die 200' dicke Kalkschicht der 180' starken Wassermasse das Gleichgewicht hält. Sollten dennoch geringe Wassermengen in den Tunnel eindringen, so können dieselben mit Pumpmaschinen leicht entfernt werden.

Bezüglich der Risse und Klaffungen im Kalk schreibt der bereits citirte Mr. Phillips, dass auf den Klippen in der Umgebung von Dover, wo immer bedeutendere Oeffnungen im Kalk erschienen, dieselben vollständig mit Lehm ausgefüllt waren, was der Action des Wassers zugeschrieben werden muss.

---

*) Mr. Prestwich, Professor der Geologie an der Universität zu Oxford, hat hierüber sehr interessante Versuche angestellt. In seinem Werke über die Wasserversorgung Londons führt er folgendes Beispiel an:

„Ich habe gefunden, dass eine 2" dicke Platte des englischen Kalkes, bei einem Kubikinhalte von 63 Kubikzoll sich binnen fünfzehn Minuten mit 26 Kubikzoll Wasser vollständig sättigte. Nichtsdestoweniger gab sie, wenn frei aufgehängt, in einem Zeitraum von zwölf Stunden nur ein zehntel Kubikzoll Wasser ab, und liess das letztere nur so schwach durch, dass selbst unter dem Druck von aufgegossenem Wasser in dem gleichen Zeitraume nur sechs zehntel Kubikzoll durch den Kalk drangen."

Aehnliche Experimente wurden von dem zweiten Ingenieur des Tunnelprojectes Mr. Brunlees C. E. unternommen, und ergaben die gleichen Resultate.

Professor Prestwich bemerkt folgendes hierüber: „Ich glaube, dass grosse Klaffungen in den tiefer gelegenen Kalkschichten sehr selten vorkommen, da dieselben durch die äusseren Einwirkungen nicht genügend in ihrem Zusammenhange unterbrochen wurden, und das Wasser nur äusserst langsam durch dieselben dringen konnte."

Brunnen, die zu Dover und Calais, sowie an anderen Plätzen von gleichen geologischen Verhältnissen gegraben wurden, zeigten verhältnissmässig wenig Wasser. Auf den Höhen von Dover sind beispielsweise drei tiefe Brunnen; einer im Schlosse, einer in der Cidatelle und einer (unbenützt) in den Main Shaft Casernen. Der Schlossbrunnen ist 6' weit und 363' tief, oder 1' 6" unter der Hochwassermarke. Er ist vollständig im Kalk und besitzt am Boden eine 6' hohe und 3' weite Galerie, die sich 160' weit in südlicher Richtung erstreckt. Diese Galerie passirt 3 Risse, welche Wasser abgeben, aber der Brunnen kann in drei Stunden durch eine 30pfdekrft. Maschine ausgepumpt werden.

Der Brunnen der Citadelle ist 407' tief, und erreicht das Niveau der Ebbe. In der unteren Hälfte des Brunnens zeigen sich einige Kiesstellen an den Wänden und der Kalk ist im ganzen sehr dicht und hart. Nahe dem Boden sind zwei 30' lange nach aufwärts laufende Galerien, die wenig oder gar kein Wasser haben. Das letztere ist in allen Brunnen vollkommen frisch und ohne Salz.

In den Jahren 1854 bis 1857 wurde in Harwich nahe dem Meere ein Brunnen bis auf die Tiefe von 1070' gegraben, ohne auf Wasser zu stossen. Der Brunnen reicht durch 76 1/2' Sand und tertiäre Formationen, 888' Kalk und 105 1/2' Grund*).

---

*) Ein weiterer Grund dafür, dass man durch die hier abermals bewiesene allgemeine Gleichförmigkeit der den Meeresboden bildenden Schichten mit Sicherheit darauf rechnen kann, durchaus in Kalk zu arbeiten.

Der berühmte Brunnen von Calais wurde erfolglos bis auf 1150' Tiefe gegraben und in den nördlichen Bezirken Frankreichs ist es nöthig, den Kalk vollständig zu durchbohren, bevor man irgend welches Wasser erhalten kann — alles Beweise von der Undurchdringlichkeit der dicken Kalkschichten für Wasser.

Zugegeben auch, es würden Klaffungen im weissen Kalk bis zu jener Tiefe herabreichen, in welcher der Tunnel angelegt werden soll, so müssten sie doch im Laufe der Zeit durch die ewige, unausgesetzte Motion des Meeres schon längst mit Kalk und erdigen Substanzen ausgefüllt worden sein, während gleichzeitig dieses natürliche Füllmaterial durch den immensen Druck der darüber befindlichen Wassermasse fest in die Risse gepresst und verdichtet wurde. Ueberdies müssten diese als bestehend vorausgesetzten Risse in ihrer Weite destomehr abgenommen haben, je tiefer der englische Canal ausgewaschen wurde, und wenn sie auch noch auf dem gegenwärtigen Meeresgrunde etwa theilweise vorhanden sind, können sie doch unmöglich 200 Fuss tiefer in jenen Schichten angetroffen werden, durch welche der Tunnel gebohrt wird.

Es erhellt aus dem Gesagten, dass ein Durchsickern des Wassers bis zu der Tiefe des Tunnels sehr unwahrscheinlich ist; kleinere, etwa dennoch vorhandene Wasserquantitäten kommen hier nicht in Betracht, da sie mit den gegenwärtigen maschinellen Hilfsmitteln mit Leichtigkeit herausgeschafft werden können.

Die Filtration des Wassers, falls sie vorkommen sollte, hätte übrigens auf die Arbeiten im Tunnel nur in der ersten kurzen Zeit einigen Einfluss und ist nach der erfolgten Ausmauerung des Tunnels vollständig beseitigt.

Dass endlich die Anlage von Tunneln unter dem Niveau des Meeres keine grösseren Schwierigkeiten verursacht, als jene, die beim Bau von Landtunneln vorkommen, beweist der Bau des unterseeischen Eisenbahntunnels von Brighton, dessen leitender Ingenieur Sir John Hawkshaw ist.

Dieser Tunnel wurde in einer Länge von 5 1/2 Meilen engl. längs der Meeresküste zwischen Brighton und Portobello, und in unmittelbarer Nähe des Wassers angelegt; der Kalk daselbst ist durch die von den Dünen unaufhörlich herabfliessenden Gewässer ausgewaschen und sehr porös, und dennoch wurde kein Eindringen von Seewasser beobachtet, obgleich der Tunnel an einem Ende 12', am anderen 20' unter dem Meeresniveau gelegen ist.

Die ungeheuern Wasserquantitäten, die beim Bau des Tunnels angetroffen wurden, rührten ausschliesslich von den vielen Quellen her, die, auf den Dünen entspringend, sich ihren Weg zum Meere durch den Kalk bahnen, und die durch den Tunnel unterbrochen wurden. Nicht weniger als 8–10.000 Gallonen Wasser pr. Minute mussten während des Tunnelbaues ausgepumpt werden, ohne dass dies dem Fortschritt der Arbeit besonders hinderlich gewesen wäre.

Es ist als möglich anzunehmen, dass beim Bau des Canal-Tunnels gelegentlich der Durchbohrung der oberen Kalkschichten zur Anlage der verticalen Schachte Wassermengen angetroffen werden. Wie beim Brighton-Tunnel, so würden sie auch hier leicht durch entsprechende wenig kostspielige Maschinen ausgepumpt werden.

Die Ausführung des projectirten Tunnels.

Die Arbeiten zur Herstellung des unterseeischen Tunnels werden gleichzeitig auf der englischen und französischen Seite begonnen. Die ersten auszuführenden

Objecte sind die in dem beigegebenen Plane ersichtlichen verticalen Schachte, die bis auf 450' Tiefe, von der Hochwassermarke gerechnet, gegraben werden. Von dem Grunde dieser Schachte werden dann auf beiden Seiten des Canals in der Länge von 4.6 Kilometern gegen die Landseite zu geneigte Wasserabzugscanäle, von geringeren Grössendimensionen als der Tunnel, gebohrt, die zur Ableitung des etwa vorhandenen Wassers dienen. Am Ende dieser Canäle werden grosse unterirdische Bassins und Verticalschächte angelegt, die wieder grosse Dampfpumpen zum Ausheben der Wassermassen erhalten.

Der Tunnel selbst besteht aus 3 Theilen: dem nahezu horizontalen Theile unter dem Meeresboden — etwa 22 engl. Meilen lang — und den beiden vom Lande aus zu ihm führenden Zufahrten von je 4 Meilen Länge, so dass sich die Gesammtlänge des Tunnels auf ca. 30 engl. Meilen beläuft.

Die Zufahrten oder Rampen vereinigen sich in der Nähe von Dover mit den beiden von London kommenden Eisenbahnlinien (die London Chatham & Dover-Bahn und die South Eastern-Bahn), auf der französischen Seite aber zwischen Calais und Sangatte mit der Chemin de fer du Nord und laufen mit einem Fall von 1 : 80 gegen den 450' unter dem Meeresniveau anzulegenden mittleren Tunneltheil. Dort wo sie mit letzterem zusammentreffen, münden auch die beiderseitigen Wässerabzugscanäle, so dass die letzteren gleichzeitig die von dem unterseeischen Tunneltheile sowie von den beiden Zufahrten herabfliessenden Gewässer aufnehmen und zu den Bassins leiten. Der mittlere Tunneltheil beginnt von den dreiseitigen Verticalschachten aus gegen die Mitte zu unter 1 : 2640 zu steigen, um dem durchsickernden Wasser einen natürlichen Abzug zu gestatten. Die Arbeiten werden, wie bemerkt, von beiden Seiten gleichzeitig mit je einer

Bohrmaschine begonnen, so dass sich die Tunnel unter der Mitte der Meeresstrasse begegnen.

Die Weite des Tunnels, dem beiläufig die nachstehend skizzirte Form gegeben wird, wird zuerst für ein Geleise bemessen, und der Tunnel nach der vollständigen Herstellung der Bohrung, oder nach Umständen schon während des Bohrens auf das für ein doppeltes Geleise nöthige Mass erweitert.

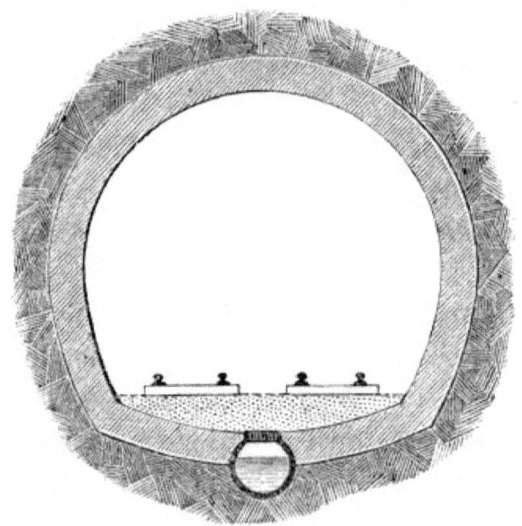

Ebenso wird es von Umständen abhängen, ob die Ausmauerung des Tunnels gleichzeitig mit dem Bohren vorgenommen wird. Die Dicke der Ausmauerung wird 2 bis 3 Fuss betragen und aus Ziegeln und Cement bestehen. Der Boden des Tunnels wird gleichfalls (muldenförmig) ausgemauert und in der Mitte der ganzen Länge nach mit einer eisernen Röhre versehen, die an ihrer oberen Seite offen und bloss mit einem eisernen Roste bedeckt ist, so dass das Wasser von den Wänden und dem Boden des Tunnels leicht in sie abfliessen kann. Die cementirte, concave Pflasterung des Tunnels wird dann mit einer Schicht groben Kieses ausgefüllt, und auf diesen die Bettung für die Schienen gelegt.

Es braucht nicht erwähnt zu werden, dass ein Tunnel von so bedeutender Länge künstlich herbeigeführter Ventilation bedarf. Ueber die Art und Weise, wie dieselbe hergestellt wird, ist man noch nicht einig, doch dürfte diese Frage durch Anwendung einer der vielen theils in Kohlenbergwerken, theils in Tunneln eingeführten Manieren ohne Schwierigkeit gelöst werden. Man glaubt sogar nach den vorhandenen Beispielen, dass die Anlegung von einfachen Feuer-Ventilationen, wie in den Bergwerken, zur Herstellung der nöthigen Ventilation hinreicht.

Ebenso nothwendig wie die Ventilation wird auch schon während des Baues die Anlegung von guten Communica-tionen mit der Aussenwelt sein, um den durch das schnelle Arbeiten der Bohrmaschinen erzeugten Kalkschutt in dem-selben Masse herausschaffen zu können, wie er gebildet wird, anderseits aber auch ein rasches Einführen der Baumaterialien, Cement, Ziegel u. s. w. zu ermöglichen.

Es ist hierfür ein doppeltes pneumatisches Röhrensystem projectirt, das im Tunnel genügend Raum finden und gleichzeitig auch die Ventilation herstellen würde. Selbst die Arbeiter könnten auf diesem Wege am leichtesten in und aus dem Tunnel, befördert werden.

Auf diese Weise hofft man mit dem ganzen Unternehmen binnen sechs Jahren vollständig fertig zu sein, so dass die Eisenbahn im Jahre 1881 oder 1882 dem Verkehre übergeben werden könnte. Die Endstationen der unterirdischen Bahn werden einerseits in der Nähe von Dover (wie auf dem Plane verzeichnet), anderseits zwischen Calais und Sangatte angelegt. Im Tunnel selbst wird sich keine Station befinden, und die aus Frankreich kommenden Züge werden direct an ihren Bestimmungsort in England fahren. Eines der beiden Geleise wird ausschliesslich für die nach England gehenden, das andere ausschliesslich für die von England kommenden Züge bestimmt.

Die beim Bau des Tunnels voraussichtlich zur Verwendung gelangenden Maschinen.

Ueber die Maschinen, welche zur Ausarbeitung des Tunnels und bei dem nachherigen Betriebe desselben zur Verwendung kommen und die begreiflicherweise auf die Arbeiten während des Baues und auf die Benutzung des Tunnels bedeutenden Einfluss ausüben, ist bis jetzt keine bestimmte Entscheidung getroffen.

Die Berechnungen über die Dauer der Bohrarbeiten wurden auf Grundlage der Brunton' schen Bohrmaschine angestellt, die auch, als gegenwärtig die zweckmässigste, zum Bohren des Tunnels zur Anwendung gelangen wird. Die mitfolgende Tafel veranschaulicht in 7 Figuren diese Maschine, die nachstehend ihre Beschreibung findet.

Fig. 1 ist der Aufriss der Maschine, theilweise durchschnitten. Fig. 2 eine correspondirende Ansicht in der Kreuzrissprojection, den vorderen Theil der Maschine zwischen der Riemenscheibe S und den mittleren Stemmfüssen Z durchschnitten. Fig. 3 ist die hintere Ansicht der Maschine; Fig. 4 die "horizontale Projection und Fig. 4 a die hintere Ansicht eines der Schneideköpfe mit einem der Schneidescheibenhälter K.

a ist eine hohle, mit Schraubengewinden versehene Welle, die in den Lagern *cc* ruht, und in diesen von dem Maschinengestelle *C* getragen wird; *b* ist ein Kreuzkopf, auf der Welle *a* verkeilt oder angegossen; an seinen Enden trägt dieser Kreuzkopf die Spindeln *dd*, auf denen die Schneideköpfe *ee* revolviren. Jener Theil dieser Spindeln, auf welchem die Schneideköpfe sitzen, ist excentrisch zu dem Theile, der in dem Kreuzkopfe ruht. *gg* sind Schnecken, die in auf den Spindeln *dd* sitzende Schneckenräder eingreifen. Mittelst dieser Schneckenmotion und der erwähnten Excentricität der Spindeln kann der Schneidekopf nur ein kleines Stück nach aussen oder innen bewegt werden, um die allmählich eintretende Abnützung der Schneidescheiben und die dadurch bedingte Verkleinerung des Durchmessers des Tunnels auszugleichen. Die Achse *a* möge die Centralachse, jene der Spindeln *dd* Planetaraxen genannt werden. Die letzteren sind von der Centralachse gleich weit abstehend. Die Schneideköpfe *ee* und die Zahnräder *hh* sind aus je einem Stücke gegossen; *ii* sind die Schneidescheiben, von denen je sechs auf den Schneideköpfen in eigenen Coulissen (wie in Fig. 4a ersichtlich) angebracht werden. *jj* sind die Pivots, um welche die Scheiben frei rotiren können; *kk* sind die Bolzen, welche die letzteren an die Pivots befestigen. Die Schneideapparate mit den Scheiben sind in den auf Fig. 4a ersichtlich gemachten Coulissen der Schneideköpfe mittelst Schraubenbolzen näher oder weiter von der Achse verstellbar.

Der Winkel, unter welchem die Schneidescheiben an die Oberfläche des zu bohrenden Gesteines angesetzt werden, richtet sich je nach der Härte und sonstigen Beschaffenheit des letzteren und kann beliebig verändert werden. Das Central-Zahnrad *l* greift in die mit den Schneideköpfen in einem Stück gegossenen Zahnräder *hh*, und ist auf einer horizontalen Spindel *m* verkeilt, welch' letztere concentrisch durch die hohle Welle *a* durchgreift und in eigenen Lagern an beiden Enden der Welle *a* ruht. Am hinteren Ende der Spindel sitzt ein konisches Rad *n*, in welches unter dem Winkel von 90 ° ein zweites konisches Rad *o* eingreift, das auf einer senkrecht zu der Centralspindel gestellten, in eigenen Lägern am hintern Maschinengestelle laufenden Welle *0* fest verkeilt ist. Diese Welle erhält ihre Rotation entweder direct von der Maschine, wenn comprimirte Luft als Triebkraft verwendet wird, oder durch Transmission mittelst Drahtseil und Seilscheibe *p*.

Auf der hohlen Axe *a* ist ein Schneckenrad *q* festgekeilt, das vermittelst Schnecke *r*, Riemenscheibe *S* und Transmission von der Antriebswelle aus in Rotation gesetzt wird, und dadurch die Rotation der hohlen Axe *a* in demselben Sinne veranlasst. Es ist hieraus ersichtlich, dass die Rotation der Planetaraxen und Schneideköpfe um sich selbst durch die Rotation der Spindel *m*, die Rotation der ersteren um die C e n t r a l a x e jedoch durch das Revolviren der hohlen Axe *a* bewirkt wird. Die grössere oder geringere Geschwindigkeit der beiden Axendrehungen wird demnach die Geschwindigkeit des Bohrens reguliren.

In den äusseren Umfang der hohlen Axe *a* ist eine flachgängige Schraube eingeschnitten, auf welcher eine Schraubenmutter mit einem Zahnrad aufgesteckt ist; die äussere Oberfläche dieser Mutter ist zur Aufnahme einer starken Hülse *W* glatt abgedreht, und mit der letzteren durch einen Keil fest verbunden, so dass sich kein Theil ohne den anderen drehen kann. An die Hülse *W* sind zwei oder mehr Füsse *Z* angegossen, die ihrerseits wieder kurze verstellbare Arme mit Fussplatten tragen. Diese letzteren werden vermittelst der an ihnen vorhandenen Schrauben fest an die Wände des Tunnels angestemmt, und bilden dadurch einen festen, gleichförmig vertheilten Halt, der sich auf die mit den Füssen fix verbundene Schrauben mutter *W* überträgt. Die letztere ist sonach der unbewegliche Rückhaltspunkt, von welchem aus die ganze Maschine durch das Revolviren der Schraube *a* nach vorwärts gegen die zu bearbeitende Wand vorgetrieben wird.

Wenn die Schraube *a* ihre Schraubenmutter der ganzen Länge nach durchlaufen hat, so wird die Maschine eingestellt, der Keil, welcher die Hülse *W* mit der Schraubenmutter fest verbindet, gelöst, und die letztere auf der Schraube *a* soweit als möglich nach vorwärts geschraubt. Hierzu dient das an die Schraubenmutter angegossene Zahnrad und ein in der Zeichnung ersichtliches Getriebe, auf das eine Kurbel aufgesteckt wird. Nachdem der die Hülse *W* festhaltende Keil gelöst ist, und sie somit nur durch eine ringförmige Wulst mit der Schraubenmutter verbunden ist, ist ihre Rotation aufgehoben, während sie mit den an ihr befindlichen Stemmfüssen nach vorn geschoben wird.

Ist die Mutter mit der Hülse an dem vorderen Ende der Schraube *a* angelangt, so werden die Fussplatten wieder gegen die Tunnelwandung angestemmt, und die Arbeiten wieder aufgenommen, worauf sich nach dem Durchlaufen der Schraube *a* das Spiel wiederholt.

Die combinirte Central- und Planetarbewegung von Schraube und Schneideköpfen, verbunden mit dem Vorwärtsgange, der durch das Drehen der Schraube *a* in ihrer festen Mutter bewirkt wird, erzielt das Bearbeiten der Steine des Tunnels durch die Schneidescheiben. Diese Bearbeitung geschieht in einer Spirale, deren Tiefe begreiflicherweise der Schraubenganghöhe auf *a* entspricht.

Die Schneidewerkzeuge sind kreisrunde Stahlscheiben von 10 bis 20" Diameter und von 1/2 bis 1 Zoll Dicke, je nach der Grösse der Maschine und der Beschaffenheit des zu bearbeitenden Felsens. Der Umfang der Stahlscheiben ist zu einer Schneidekante zugeschliffen, und sie selbst sind rechtwinkelig auf den Pivots aufgesteckt, mit denen sie auf den Bolzen oder Spindeln *k* frei rotiren können. Der Durchmesser des Kreises, den die Kante einer Scheibe während ihrer Action auf dem Felsen durchläuft, beträgt die Hälfte, oder nahezu die Hälfte des ganzen Tunneldurchmessers, so dass die Schneidescheiben schon bei bloss einmaliger Umdrehung des Kreuzkopfes die ganze Oberfläche des Felsens bearbeiten.

CC bezeichnen das Maschinengestelle, nämlich den vorderen und den hinteren Schlitten und die beiden, diese Theile verbindenden Schienen *DD*; *EE* sind Laufrollen mit doppelten Randnuthen, die auf correspondirenden Schienen *FF* ruhen. Auf den beiden Schlitten ist je ein aufrechter Arm mit einer Rolle angebracht, die an der Decke des Tunnels läuft und die Maschine in ihrer Lage noch besser zu fixiren hat.

Aus der vorstehenden Beschreibung ist das Zusammengreifen der einzelnen Maschinentheile sowie deren Wirkungsweise ersichtlich; die Arbeit geht continuirlich von statten, wobei eine cylindrische Höhlung von der beiläufigen Weite des Tunnels hergestellt wird. Die Stirne des letzteren hat immer eine doppelte, ringartige Form, mit einem kleinen Absatz, der stets vorhanden ist, und in welchen die Maschine nach einer etwaigen Arbeitsunterbrechung wieder eingreift.

Der arbeitende Theil der Maschine ist leicht zugänglich, und die Arbeit selbst ohne alle Gefahr für die Arbeiter; von diesen sind bei der Maschine nur zwei erforderlich; ein Arbeiter, der an der Maschine steht und etwa losbrechende zu grosse Felsstücke beseitigt, und ein zweiter, der die Maschine ölt und bedient. — Die Wegschaffung des weggebrochenen Materials und das Einladen desselben in die bereitstehenden Waggons besorgen gleichfalls zwei Mann. Die Betriebskraft der Maschine beträgt 15 bis 20 Pfkft. Die Durchschnittszahl der Schneidekopf-Revolutionen ist pr. Minute 40 in Felsen, nicht härter als

Kalkstein. Diese Geschwindigkeit giebt bei einem Fortschritt von 1/7" pr. Schneidescheibe die Herstellung einer 2" tiefen Höhlung von der Weite des Tunneldurchmessers in 4 1/5 Minuten, oder 28" pr. Stunde.

Um das sich während des Arbeitens unter der Maschine in grossen Massen ansammelnde Felsmaterial wegzuschaffen, wird auf die Schraube *a*, zwischen deren vorderem Lager und dem Kreuzkopf, eine aus den Fig. 5 und 6 ersichtliche Trommel mit diagonalen Schaufeln aufgesteckt, die mit der Schraube *a* gleichzeitig rotirt.

Die Schaufeln bewegen sich gegen eine verticale Platte *C*, die das von ihnen aufgesammelte Material auf in endloses Band *B* leitet, von wo es in die von rückwärts zugeführten Waggons fällt. Das endlose Band wird durch Transmission von der Bohrmaschine aus getrieben.

Der finanzielle Theil des Projectes.

Nachdem in Vorstehendem alle beim Bau des Tunnels in Betracht zu ziehenden Fragen der Betrachtung unterworfen worden, erübrigt noch die Besprechung der voraussichtlichen Einkünfte der Tunneleisenbahn, soweit dieselben nach den ungewissen und bloss auf die bisherigen statistischen Daten begründeten Annahmen berechnet werden können. Es sei von vornherein erwähnt, dass bei diesen Calculationen die ungünstigsten Fälle in Rechnung gezogen wurden. — Wie schon angegeben, dürften sich die Kosten des Tunnelbaues auf etwa acht bis zehn Mill. Pfund Sterling belaufen, und es handelt sich darum, für die Erzielung entsprechender Interessen dieses Capitals den Nachweis zu liefern.

Die Basis dieser Calculationen bildet der gegenwärtige Personen- und Güterverkehr zwischen England und dem Continente, zu welchem die normale, fünfprocentige Steigerung, und ausserdem die durch die Eröffnung der Eisenbahn seinerzeit entstehende Vergrösserung des Verkehrs hinzugeschlagen werden muss.

Der gegenwärtige Verkehr zwischen England und dem Continente (nur an den, der Strasse von Calais nächstgelegenen Orten gerechnet) ist sehr bedeutend. Auf den Linien Dover-Calais, Folkestone-Boulogne, Newhaven-Dieppe und Southampton-Havre allein beläuft sich die Zahl der Passagiere jährlich auf 500.000. — Ausserdem befördern jedoch die Linien London-Ostende, Dover-Ostende, dann London-Antwerpen, Dünkirchen und Rotterdam jährlich die Hälfte der angegebenen Zahl an Passagieren, die wohl, wie man mit Sicherheit annehmen kann, nach Eröffnung der Tunneleisenbahn grösstentheils die kürzere, schnellste und gefahrloseste Linie für ihre Reise wählen würden. Mit gleicher Sicherheit kann angenommen werden, dass der Verkehr im allgemeinen, durch die grosse Erleichterung, die er erfährt, schnell und bedeutend zunehmen wird. Man muss berücksichtigen, dass all' die Unannehmlichkeiten der Seereise und des Wechsels der Communicationsmittel dann mit einem Male beseitigt wären; es haben dann die Seekrankheit, die Abhängigkeit von schlechtem Wetter und von Stürmen, die Gefahr eines Schiffszusammenstosses bei nebeligem Wetter, die Ungewissheit der Ankunftszeit zu Dover resp. Calais, das Abwarten der hohen Flut für die Einfahrt in die Häfen, die grossen Auslagen, Zeitverluste und Mühen beim Ueberladen des Gepäcks von der Eisenbahn auf das Schiff und von hier abermals in den Waggon etc. aufgehört, und die Fahrzeit wird im ganzen genommen um 1 bis 2 Stunden verkürzt — ausserdem aber eine bei Eisenbahnen und besonders bei so wichtigen Communicationen wie jene zwischen England und dem Continente so nothwendige minutiöse Pünktlichkeit im Verkehre erzielt. Nicht selten kommt es gegenwärtig vor, dass die Ueberfahrtsdampfer bei schlechtem Wetter statt der festgesetzten Fahrzeit von 1 3/4 bis 2 Stunden mehr als 4 Stunden brauchen, um die jenseitigen Ufer zu erreichen, ja, dass an manchen Tagen das Auslaufen der Dampfer stundenlang unmöglich ist.

Es ist kaum glaublich, welchen Einfluss die Seekrankheit auf den gegenseitigen Verkehr ausübt; als Beispiel sei der im Jahre 1869 zwischen England und Frankreichs grösseren Seehäfen stattgehabte Personenverkehr angeführt:

Reise-Route	Zahl der Reisenden	Länge der Seereise	Zeitdauer der Reise zwischen London und Paris		Fahrpreise in Shilling = Reichsmark.		
					1. Cl.	2. Cl.	3. Cl.
		Stunden	Stund.	Min.	sh.	sh.	sh.
Southampton-Havre	18936	7	19	23	31	20	—
Newhaven-Dieppe	36594	5	13	—	29	21	17
Folkestone-Boulogne	116248	2	10	—	56	42	21
Dover-Calais . . .	155369	1³⁄₄	10	30	60	45	21

Um also nur 15 Minuten an der Seereise zu ersparen, reisen via Calais um ein Viertheil mehr Passagiere, als via Boulogne, obgleich die Calaisroute für Paris nicht nur ein Umweg ist, sondern mehr Zeit und vor allem mehr Geld erfordert. Dasselbe gilt für Dieppe und Boulogne; die Seereise ist hier um 3 Stunden länger, und obgleich der Fahrpreis für die Strecke Dieppe-Newhaven auf die Hälfte reducirt ist, hat Boulogne doch viermal mehr Passagiere aufzuweisen.

Es ist in der That unmöglich, die Zahl der Passagiere zwischen England und dem Continente für jene Zeit abzusehen, wenn die Reise über den Canal in einer halben Stunde in wohlbeleuchteten, gut eingerichteten Waggons ohne Seekrankheit und ohne Wechseln und Umsteigen bewerkstelligt werden könnte, und es dadurch ermöglicht wäre, dass die Eisenbahnzüge ohne jeden Wechsel aus den grossen Hauptstädten des Continents ununterbrochen bis in das Herz Englands, bis nach London fahren könnten, und dies mit geringeren Passagierpreisen als bei der gegenwärtigen combinirten Fahrt auf Eisenbahn und Dampfschiff.

Bei weitem grösser würden sich verhältnissmässig die

Einkünfte aus dem Frachtenverkehre gestalten. Es ist irrig, wenn man glaubt, derselbe werde zwischen England und dem Continente ausschliesslich durch die Seeschiffahrt vermittelt.

Wie die statistischen Eisenbahnberichte Englands zeigen, wirft der Personenverkehr selbst jener Bahnen, die eine Wasserstrasse als Concurrenten haben, im Durchschnitte 41.87 Procent, der Güterverkehr jedoch 54.50 Procent der Gesammteinkünfte ab.

Mit den gegenwärtigen Transportmitteln müssen die ungeheuern Waarenmassen, welche aus den grossen Industriestädten Englands, aus Leeds, Manchester, Glasgow, Birmingham etc. Tag für Tag auf den Continent gesandt werden, zuerst auf Eisenbahnen verladen, dann wieder aus diesen auf die Dampfschiffe, von letzteren abermals auf Eisenbahnen, und endlich erst von diesen, an ihrem Bestimmungsort abgeladen werden. Mit welch grossen Geld-, Arbeits- und Zeitersparnissen der directe Waarentransport verbunden ist, kann nur Jener ermessen, der mit der Lastenbeförderung im allgemeinen vertraut ist. Während beispielsweise eine von Manchester nach Paris bestimmte Fracht mehr als eine Woche braucht, um dorthin zu gelangen, könnte dies via Canal-Tunnel in 24 Stunden erfolgen, und dies mit nahezu den **halben Kosten** und vor allem — **mit vollster Sicherheit**. Die Assecuranzgebühren, die bei der Beförderung zur See gezahlt werden müssen und die einen grossen Theil der gesammten Transportkosten bilden, fallen bei der Benutzung des Tunnelweges gleichfalls weg.

Welche Waarenmassen zwischen England und Frankreich allein — also ohne den ganzen übrigen Continent — alljährlich befördert werden, erhellt aus der 1,918,280 Tonnen betragenden Tonnage der hierzu verwendeten Schiffe, während zwischen England und dem Continente Schiffe mit mehr als 10,000,000 Tonnen in Verwendung stehen. Der

Werth des Imports von Frankreich nach England betrug im letzten Jahre 42 Millionen Pfund Stlg., der Werth des Exports nach Frankreich 28 Mill. Pfund, somit ein Frachtenverkehr von 70 Mill. Pfund Stlg. reellem Werth, und dies nur von zwei Staaten allein.

Es wurde im Vorstehenden nur auf die allgemeinsten Vortheile der Güterbeförderung zu Lande hingewiesen, und nicht erwähnt, wie sehr Güter durch den Transport zur See, theils durch die mangelhafte Sorgfalt in ihrer Behandlung, theils durch Seewasser und Feuchtigkeit leiden, und welch' sorgfältige Verpackung dieselben erfordern, um einen Seetransport unverletzt überstehen zu können. Derartige Vortheile könnten in Menge angeführt werden, während man dem Transporte durch den Tunnel nur wenig Ungünstiges entgegenstellen könnte.

Einer der angesehensten Finanzmänner Londons, Mr. William Hawes F. G. S., F. S. A. etc. stellte die Einkünfte der Tunneleisenbahn, nach annähernder Schätzung in Ziffern niedergelegt, in folgender Weise dar:

An Fahrgeldern von Passagieren
1., 2. und 3. Classe zusammen 2 Mill.
(das Doppelte des gegenwärtigen Verkehrs) zum Durchschnittspreise von
8 Shill. 6 Pc. (dem gegenwärtigen
Ueberfahrtspreise bei Einschluss
der Gepäckkosten etc.) . . . . 850,000 Pfd. Stg.

An Frachtgeldern für die Hälfte
der gegenwärtig allein zwischen England und Frankreich transportirten
Frachten — etwa 1,200,000 Tons zu
2 d. pr. Meile . . . . 300,000 Pfd. Stg.

Einkünfte für Brief- und Packetpost, Telegraph etc. . . . . 50,000 Pfd. Stg.

Total 1,200,000 Pfd. Stg.

Total 1,200,000 Pfd. Stg.
Hiervon 40% Erhaltungskosten
(kein eigener Fahrpark, keine Stationen
oder Wechsel, keine Schäden durch
Sturm und Wetter, längere Dauer des
Bahnmaterials) . . . . 468,000 Pfd. Stg.

Netto-Einnahme 732,000 Pfd. Stg.
oder Verzinsung des £ 10,000,000 (im ungünstigsten Falle) betragenden Capitals = 7 1/3 % als Ergebniss der auf Grund gewöhnlicher Verhältnisse gemachten Berechnungen.

Doch schon bei unbefangener Betrachtung der Dinge wird es sehr unwahrscheinlich aussehen, dass eine Eisenbahn, die London mit Paris, und gleichzeitig 30 Millionen Engländer mit 150 Millionen Continentalen verbindet, und ohne Concurrenzlinie dasteht, sich nicht bezahlen sollte.

Das Anlagecapital von 10 Mill. Pfund wird nicht so gross erscheinen, wenn man erfährt, dass in den englischen Eisenbahnen nahezu 650 Mill. Pfd. Stg. angelegt sind, und dass alljährlich in England allein 450 Millionen Passagiere und 3600 Millionen Centner Fracht mittelst Eisenbahn befördert werden.

Die Einwürfe, die in politischer und strategischer Beziehung gegen die Anlage des Tunnels gemacht wurden, sind lächerlich. Die nationale Sicherheit wird durch den Tunnel nicht gefährdet, und wer den Einwurf machte, dass möglicherweise einmal eine französische Occupationsarmee auf englischem Boden erscheinen könnte, dachte eben nicht daran, dass der Tunnel befestigt und im Falle eines Kriegsausbruchs in wenigen Stunden verschüttet oder unter Wasser gesetzt werden kann.

Die Bewohner des Continents sind für so grossartige Werke, wie sie England zu Stande gebracht und alljährlich unternimmt, weniger empfänglich, und während sie noch an der Ausführbarkeit des Projectes — begründet durch vermeintliche technische oder finanzielle Schwierigkeiten — zweifeln, ist man in England wie in Frankreich darüber vollkommen einig, dass die Ausführung des grossartigen Projectes für die nächste Zeit bevorsteht.

Es erübrigt mir noch, nachstehend einiges über die bisher eingeleiteten Schritte und den gegenwärtigen Stand des Unternehmens beizufügen.

Der Stand der Comitéarbeiten mit Anfang 1875.

Die „ Channel Tunnel Company Limited" hatte sich am 15. Januar 1872 zur Herstellung einer ununterbrochenen Eisenbahn zwischen Grossbritannien und dem Continent constituirt.

Als Präliminararbeiten nach vollzogener Untersuchung der geologischen Verhältnisse der Strasse von Calais wurden von dieser Compagnie die Herstellung zweier Verticalschächte bei Dover und Calais, sowie zweier kurzer unter die See reichender Stollen (etwa eine Meile lang) beschlossen, um sich durch diese Arbeiten von der Beschaffenheit des Meeresbodens, von der Schnelligkeit des Bohrens etc. zu vergewissern, und auf Grund der gemachten Erfahrungen die Kosten der vollständigen Ausführung des Tunnels, die Zeitdauer etc. besser bestimmen zu können. Zur Leitung dieser Präliminararbeiten wurden in beiden der am meisten betheiligten Staaten Comités aufgestellt. Der Präsident des englischen Comité ist Lord Richard Grosvenor M. P., der Vicepräsident Mr. William Hawes. Der Präsident des französischen Comité ist M. Michel Chevalier. Die Ingenieure sind Sir John Hawkshaw, Mr. Brunless und M. Thomé de Gamond. Der Secretär der Compagnie Mr. Bellingham, das Bureau des englischen Comités befindet sich London, 9 Cannon Street E. C.

Die Concession zur Erbauung des Tunnels ist vorläufig nur auf der französischen Seite nothwendig, nachdem das Gesetz eine solche vor der Ausführung der Arbeiten vorschreibt. Es wird die Dauer dieser Concession über die gewöhnlichen 99 Jahre hinaus verlängert, ebenso auch über die in der Regel 30 Jahre betragende Dauer des Monopols in Anbetracht der aussergewöhnlichen Verhältnisse eine günstigere Bestimmung getroffen. Frankreich sowohl wie England sind dem Unternehmen sehr günstig gestimmt, was aus dem Berichte von 73 französ. Handelskammern, um deren Meinungen die französische Regierung ersucht hatte, deutlich hervorgeht. Auch die beiderseitigen Regierungen sind bereits über die politischen und strategischen Fragepunkte einig.

Die für die Präliminararbeiten erforderliche Summe von £ 160,000 (3,200,000 Rchmk.) ist bereits gezeichnet, und es hatten hierzu Frankreich und England gleichviel beigetragen; die Häuser Rothschild zu Paris und London zeichneten je 20,000 £; die Chemin de fer du Nord sowie die englischen Bahnen gleichfalls je 20,000 £. — Nachdem nunmehr die ersten Geldmittel vorhanden sind. wird demnächst zur Ausführung der Präliminararbeiten geschritten, über deren Ausgang das nächste Jahr Gewissheit bringen wird.

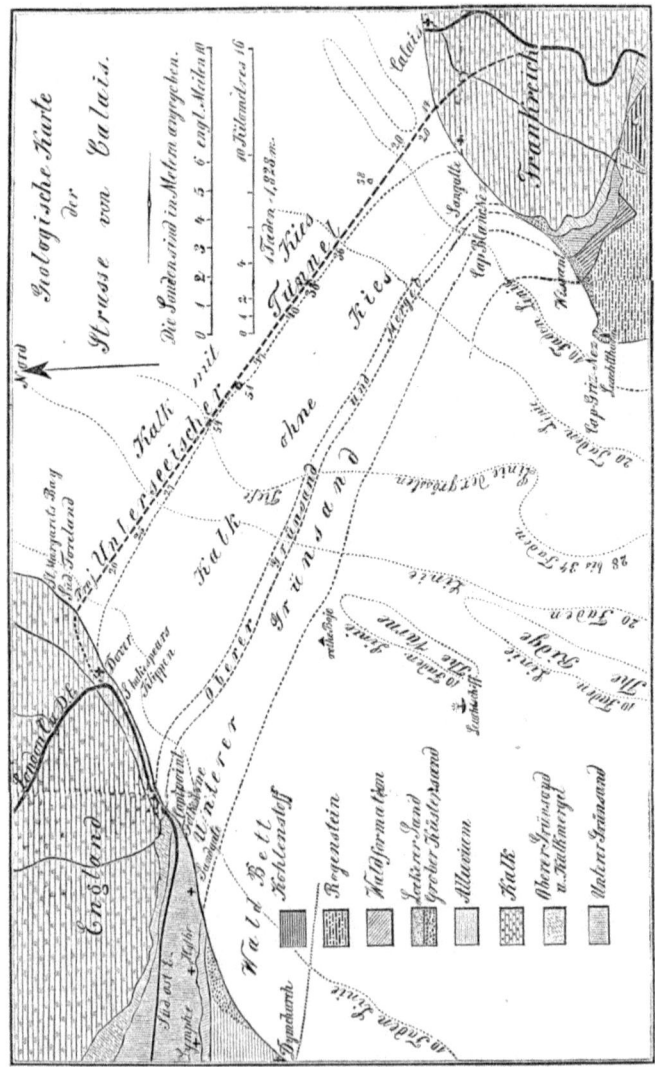

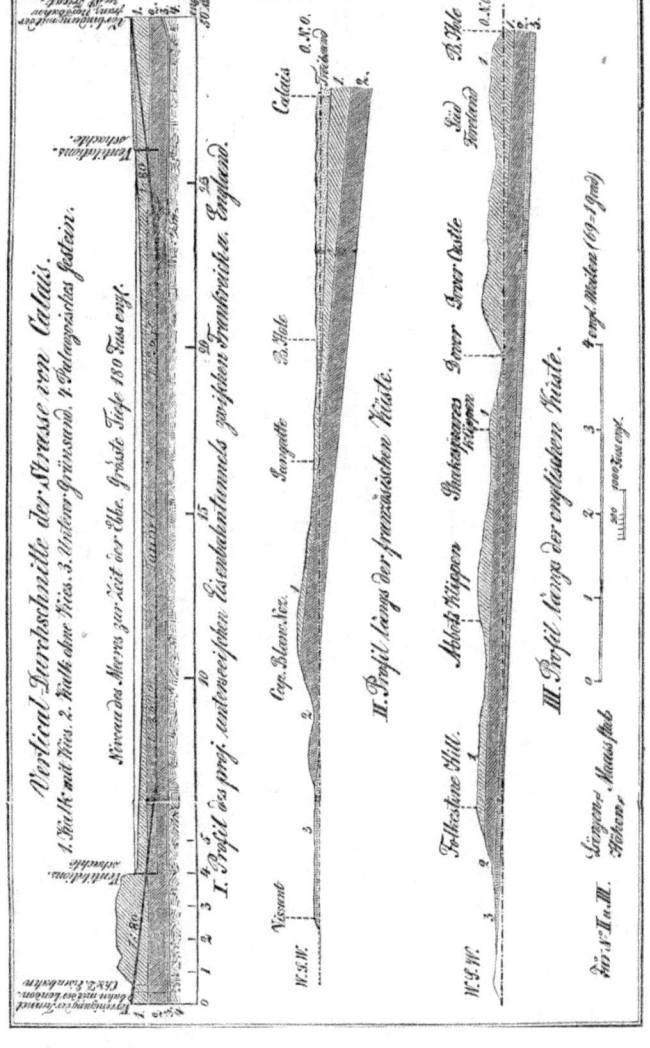

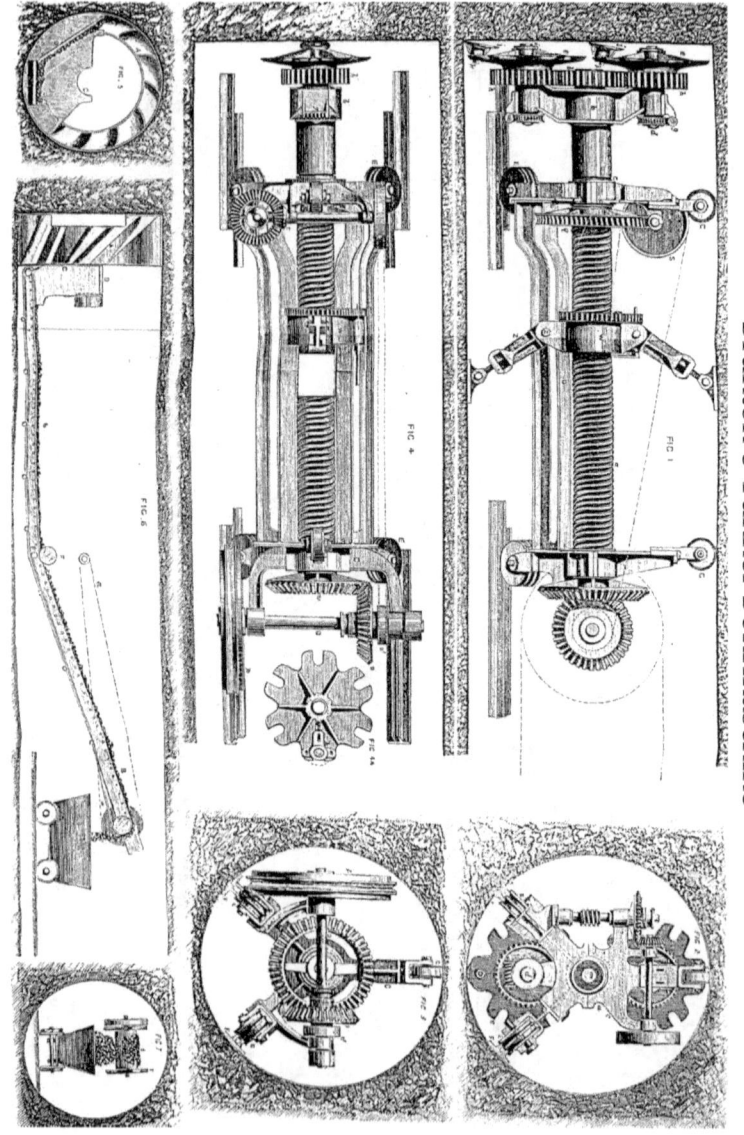

Brunton's Tunnel-Bohrmaschine

Im selben Verlag erschienen:
Die Stadt im Märchenwald.
Von Saigon nach Angkor im Automobil im Jahr 1908. 552 Seiten mit 178 Schwarzweißabbildungen und zwei Karten, deutscher und französischer Text, Format 15,5 x 22cm, Festeinband. Verlag Gueran 2015.
(ISBN 978-3-00-049904-3)

Die Stadt im Märchenwald
VON SAIGON NACH ANGKOR
IM AUTOMOBIL

Duc de Montpensier

Zweisprachige Ausgabe
Deutsch / Französisch

Übersetzung ins Deutsche: Günter Ranzinger

In der Übersetzung mit 89 Abbildungen nach Fotografien des Übersetzers und nach Stichen aus "The Land of the White Elephant" von Frank Vincent von 1874 und weiteren 89 Illustrationen und zwei Karten aus der französischen Originalausgabe von 1910

Verlag GUeRAN

2015

Aus Oldtimer-Markt: Heft 3/ März 2016

Reisegeschichte

Höllentrip nach Angkor-Wat

Von Saigon nach Angkor ist heute mit dem Flieger nur ein kurzer City-Hop. Vor über 100 Jahren sah das ganz anders aus. Das damals zu Frankreich gehörende Indochina galt es straßenbautechnisch noch zu erschließen. So musste sich Ferdinand Francois d`Orleans, Duc de Montpensier, mit seinen Leuten 1908 den Weg erst freiräumen, die Pioniere kamen mit ihrem Lorraine Diétrich teils nur mit Hilfe von Zugtieren vorwärts. Flüsse waren auf wackligen Stegen zu queren, Lohn all der Mühen: die Ankunft in Angkor, der Stadt im Märchenwald. Das Reisetagebuch liegt nun erstmals auf Deutsch übersetzt und mit Zusatz-Bildmaterial versehen vor. mh

Verlag
GUeRAN

www.ingramcontent.com/pod-product-compliance
Lightning Source LLC
Chambersburg PA
CBHW050244230526
45470CB00005B/2107